Eduardo Argentino Campi

Leyes de la Naturaleza Temporal de la Ciencia Maya Precolombina

Eduardo Argentino Campi

Leyes de la Naturaleza Temporal de la Ciencia Maya Precolombina

La Modernidad Científica de los Mayas Precolombinos

Editorial Académica Española

Cover image: www.ingimage.com

Publisher:
Editorial Académica Española
is a trademark of
Dodo Books Indian Ocean Ltd. and OmniScriptum S.R.L publishing group

120 High Road, East Finchley, London, N2 9ED, United Kingdom
Str. Armeneasca 28/1, office 1, Chisinau MD-2012, Republic of Moldova, Europe
Managing Directors: Ieva Konstantinova, Victoria Ursu
info@omniscriptum.com

Printed at: see last page
ISBN: 978-620-0-01606-5

ÍNDICE

DEDICATORIA:

Este trabajo está dedicado al Historiador de la Ciencia J. Babini.

PROLOGO.

El material que se presenta en estos textos, me fue acercado por su autor, un día cualquiera del inicio del mes de noviembre. Cabe aclarar que en un principio me pregunte (con cierto recelo) si podía entender, sin haber estudiado del tema previamente, lo que Eduardo apreciaba y quería comunicar sobre los Mayas Precolombinos y la Historia de la Ciencia Universal; cuestión que me fue revelada con la lectura voraz de estas interesantes páginas.

Aquí sin dudarlo, el lector interesado tendrá las bases necesarias para poder comprender el maravilloso aporte a las Ciencias de la Naturaleza, que han realizado los Mayas Precolombinos.

En un principio se expone una comparativa sobre la Ciencia Maya Precolombina y la Ciencia actual, destacando los logros de los primeros en el descubrimiento de Leyes Matemáticas y su aplicación a la Agricultura. Luego se introduce en la predicción de fenómenos, por parte de la Ciencia Precolombina, haciendo alusión al notable descubrimiento de los Mayas sobre la serialidad de los eclipses y al cultivo de varias ramas científicas, realizando una gran tarea científica (no reconocida), que fueron expresadas mediante cuatro notables leyes objetivas.

La primera de estas Leyes de la naturaleza es la del implante foliar del maíz (Agricultura), descubierta por los Mayas mucho antes que, por los Occidentales, donde se compara a la misma con la Ley de caída libre de Galileo de la física moderna. Es aquí, donde se observa una similitud en la obtención de los números representativos de sus series. En esta ley se pone en evidencia que fueron unos adelantados en la materia y que la misma constituyo su primer paso hacia la modernidad. No puede negarse entonces que, entre la ciencia precolombina y la occidental, la similitud es la cualidad de modernidad.

La segunda ley de referencia es la del infinito potencias (Aritmética), donde se muestra que los Mayas llegan al infinito matemático o potencial por intermedio de diferentes eras: hecho más que evidente para afirmar que los precolombinos estaban formalizando a la idea de eternidad.

En cuanto a la tercera ley denominada Sistema integrado, Eduardo evidencia que la astronomía Maya era una Ciencia y corona el final del capítulo sobre la posibilidad de que se haya llegado a un heliocentrismo parcial por medio de un pensamiento de ecuaciones exactas.

La última Ley sobre la Ciencia Calendárica Clásica es la de Conservación Temporal, ¿cómo logran los Mayas estimar certeramente al tiempo (conservarlo)?. la respuesta está en la lectura de este gran texto, pero hoy solo podría adelantar que los prodigiosos calendaristas Mayas ya contaban antiguamente con un poderoso calendario moderno.

Para finalizar esta apasionante lectura, se ostenta la ley Universal del Primer Digito que los intelectuales Mayas no enunciaron explícitamente, pro sus números la comienzan a cumplir (aplicando ciencia). En esta se dice que cuando un número es mayor las propiedades del sistema son gobernadas por leyes más simples.

En cuanto a mi miedo inicial, de no entendimiento del tema, hoy podría decir que estoy convencida, a partir de estos breves textos, que los aportes (no aceptados) de los Mayas en Agricultura, Matemática, Astronomía y Calendarios fueron asombrosos desde el nivel premoderno hacia el moderno; haciendo que sea la ciencia moderna occidental la que se asemeje a la precolombina.

Sin dudas que estos escritos no dejaran nada librado al azar y este gran escritor, estudioso y profesional no solo podrá convencerme sino probarme con exactitud todo lo referente a la Ciencia Maya Precolombina y sus grandes aportes de modernidad a la Ciencia Universal como lo hará también con ustedes.

Concepción del Uruguay, 11 de noviembre de 2024.

Marisa Viviana Romero

Especialista en Educación Científica
Profesora en Matemática
Profesora Investigadora y docente de UTN, FRCU
Docente de Universidad Autónoma de Entre Ríos, FCYT

AGRADECIMIENTOS.

Personalmente he recorrido una carrera apreciable como autor, que ha podido publicar a una serie de títulos, en relación a la ciencia y su epistemología.

Haciendo un recuento esta historia, básicamente seria la que sigue.

(1987) Se público "Epistemología de la Psicología Clínica" (Facultad J. F. Kennedy). Esquematizamos hasta el presente el aporte de FREUD a la psicología. Esto es desde la Hipnosis, hasta el psicoanálisis de la Personalidad humana. Si bien el psicoanálisis como parte de la ciencia, tendrá que mejorar a algunas de sus partes internas, su contribución a la psicología es notoria.

(1988) "Rol del sociólogo en Argentina" (Artes y Ciencias). En esta obra detallamos el rol constructivo de los profesionales sociólogos, respecto a su disciplina. Lo cual a pesar de la critica de BUNGE, tiene que completarse con la ayuda del resto de la psicología, como explicara hace años VERON.

(2010) "Derechos humanos Precolombinos a la Creación científica" (secretaria derechos humanos de la Provincia de Entre Ríos). Aquí ya defendíamos el Derecho de los Precolombinos (como solicito MORGAN), respecto a la creación científica. Esto es lo que hoy estamos publicando y reivindicando para los Mayas. También esto mismo se reconoció en la Declaración de BUDAPEST (1999). Si tenemos en cuenta de lo explicado por MANCISIDOR (Onu), que recién en el año 2013 la Revista Science publicó un artículo de este tipo, nosotros no estábamos tan alejados en el tiempo.

(2019), "Psicología integrada de la Evolución de la Personalidad" (Editorial Académico Español). Este estudio – que sepamos- es el primero en compaginar a la integración completa (afectividad, inteligencia) y sistemática (bebe, primera y segunda infancia, adolescencia), de las teorías de FREUD y PIAGET (personalmente pertenecimos por un tiempo a la SEPY: sociedad para la Integración de la Psicoterapia). El Psiquiatra de Niños-adolescentes, nos obsequio su obra al respecto.

(2020) "Modernidad científica de los Mayas Precolombinos" (Editorial Académico Español). En este trabajo elaboramos a la Tesis de la Creación científica de los Mayas precolombinos. Comenzamos con la tarea de estudiar centralmente, a los distintos calendarios (Lunar, Solar, Venus, Marte, Cuenta Corta y Larga), y su epistemología resultante, elaborados por aquellas personas. Comenzábamos a tener en claro, que la primera Modernidad científica del Mundo, fue realizada por personas de piel de Cacau (no caucásicos).

(2021) "Leyes científicas de la Naturaleza Humana" (Editorial Académico Español). El autor TAYLOR, refirió que si en un campo científico (Físico-químicas, etc.) existieran Leyes, las deberíamos encontrar también en otros campos de estudio. Nosotros aquí comenzamos a estudiarlas, en Psicología Evolutiva, Economía Social, Historia de la Ciencia y biología de las especies.

(2022) "Leyes del Modo de producción de los Conocimientos Científicos" (Editorial Académico Español). Se desarrolla aquí, una historia de la Ciencia comparada, entre Oriente y Occidente. Es decir, se destacan los caracteres epistemológicos mas notorios de una y otra orientación.

En la actualidad estamos en tratativas para publicar (Editorial Académico Español), al breve trabajo "Las Leyes de la Naturaleza Temporal de la Ciencia Maya Precolombina". Esto mismo debe contemplarse, como la coronación de toda la Historia intelectual, expuesta hasta aquí.

PALABRAS PREVIAS del AUTOR sobre la Sociedad Maya.

Este es un libro pequeño, que trata esencialmente, sobre la Historia de la Ciencia Comparada. De todas maneras, los únicos cálculos que se encontraran aquí, son las operaciones aritméticas básicas (suma, multiplicación, etc.), con la que los Mayas operaban. O sea que, si bien este trabajo pretende ser para especialistas, con un poco de paciencia, es fácil de comprender para las personas comunes.

Reconocemos como importante aquí -por las coincidencias-, a la obra de dos Historiadores de la Ciencia; SANTILLANA-DECHAND: 'El Molino de HAMLET' (llaman a los primeros 'científicos arcaicos´) y la de los antropólogos GRAEVER-WENGROW:' El Amanecer de todo (reconocen que en las aldeas se comenzó a construir la ciencia inicial). Además, para nuestra propia obra, sobre los Mayas, nos hacemos cargo de algunas inexactitudes (que hemos corregido aquí), las cuales siempre serán menores en importancia, ante la omisión de la Modernidad científica, lograda en la Ciencia Calendárica Clásica, por los pueblos precolombinos.

La tesis central no es en esta historia, cual rama científica (física o calendarios), es superior o mejor, pues esto depende para que se la quiera emplear, a dicha ciencia. Aquí comparativamente verificaremos en cual caso (sociedad oriental Maya o hemisferio norte occidental), una cualidad importante, como la ciencia moderna, se desarrolló primero, en su respectiva rama de estudios, con enunciado de Leyes escritas.

Los Mayas históricos representan meritoriamente a toda América, pero especialmente a Latino-américa (Argentina), que fue el lugar, desde donde se enuncio, a este nuevo descubrimiento inédito (tesis sobre leyes científicas modernas).

Antes de pasar a fundamentar a nuestra tesis, conviene referir a algunas de las características generales, que los Mayas históricos (como sociedad oriental en su forma de vida), tuvieron o no.

En primer lugar, ellos nunca constituyeron a un Imperio unificado, pues solo cumplían con alianzas parciales: TIKAL-NARANJO o KALAKMUL-CARACOL.

Tampoco vivieron (si seguimos a los arquitectos como CHUECOGOITIA) en ciudades (civis o burgos), ya que la unidad política superior era la del Centro Ceremonial Agrario, que estaba gobernado por dinastías teocráticas (COPAN: Cielo ; PALENQUE: Escudo, etc.).

Los Mayas a través del pueblo QUICHE, escriben al POPOL VUH, que se ha considerado semejante a la Biblia. Allí se prohíben los sacrificios Humanos (GIRARD), los cuales tenían que ser reemplazados por mariposas serpientes. En conclusión, a los dos territorios (Mayas clásicos-Occidente actual), les dará tanto trabajo (a pesar del mandamiento), para impedir la muerte de las personas. Así si una región es civilizada en estos términos, la otra también lo será; o bien, las dos son arcaicas en este sentido (barbarie). Si esta igualdad moral no se tiene en cuenta, es un error no corregido, que cometen aun los antropólogos (artículo diario Página 12), sino atenúan (a pesar de nuestro aviso) a sus ejemplos verídicos (es la misma negación de sostener que en Occidente, no existe la referencia del mandamiento de no matar).

Pero uno de las falencias mayores -a nuestro juicio - , que se comete con los Mayas precolombinos, es el no explicar detalladamente , como ellos sin técnica instrumental desarrollada (en esto estaban en la edad de piedra), lograron llegar en la sociedad clásica y al establecimiento de su Alta Cultura (lo cual sin otra explicación alternativa, no tendría que haber sucedido). Uno de los pocos autores que analiza a esta deficiencia, es SHARER en su Obra La civilización Maya.

Lo cual la pregunta de fondo aquí, no es por que caen los Mayas (lo que explicaremos más adelante), sino cuando llegan a su crisis. Es decir que les sucedió que a pesar de su compensación meritoria (lo cual tiene que ver con nuestro trabajo), no pudieron remontar la situación.

También se ha escrito (MITRE 1949) equivocadamente, sobre la capacidad intelectual, algo que toca a los Mayas:

"pensar que con los elementos y en ese medio, pudo incubarse y expandirse un binomio como el de NEWTON, una mecánica como la de LAPLACE, una inventiva como la de FULTON o EDISON, seria mas que pedir peras al olmo. Seria como esperar que los caracteres de la Imprenta puedan en manos de

los salvajes, y coordinados por ellos, de millones y millones de modos, pudiese nacer la Divina Comedia de DANTE, desde que la inteligencia no presidiese la operación. Por ello sin el principio de la vida fecunda que la inoculo la sangre de la civilización Europea, el hombre Americano, hubiese vegetado como sus árboles, sin asimilarse nuevas fuerzas reproductivas, como el salvaje de MONTESQUIEU, que derribaba la palma, para recoger al fruto. Dios no le dio al Indio Americano, las oportunidades con que las razas superiores, se labran su propio destino y engrandecen los fundamentos del genio trascendente".

Como explicaremos en este escrito, casi todo este fragmento es erróneo. Esta es la gran superstición, que occidente ha elaborado sobre el precolombino salvaje indigente (Indio), sin corregirla mayormente (esto es a pesar de las excepciones), hasta ahora. La inteligencia coordino muy bien la obra Maya, tan bien (esto es con aciertos y errores), como en cualquier otra parte del Mundo. Lo cual se debió en gran parte, por tomar como arquetipo a los vegetales (plantas, arboles). Si todo esto estuviera ya aceptado exactamente, nuestro trabajo actual, no hubiese aparecido.

Los Mayas como casi todos los pueblos del Mundo, se iniciaron intelectualmente, con una etapa premoderna, basándose en los ´4/5 Elementos´. Este conjunto de significados, está compuesto – como su nombre lo indica -, por dos partes complementarias unidas: los números (4/5, etc.) y los Elementos de la Naturaleza (Agua, aire, tierra, fuego, madera).

Estos aspectos se plasmaban en el glifo Numero 7 MANIK, del Calendario Central sobre la Cuenta de los Días, el cual era, una imagen de una Mano. Ello representaba al mismo tiempo al trabajo social productivo (Artistas-Artesanos) y la base numérica de los dedos para contar (no es casual que el sistema vigesimal básico, fuera derivado de dos pares de manos unidas).

Lo central en este trabajo, serán los números (4,5, etc.). El Matemático STEWART refirió que en la historia el numero 4 (CAN), es el que representa mejor a los Elementos. Estos numerales se aplicaban a la Naturaleza real, de allí que los números Mayas (enteros positivos), provienen del campo de los Naturales (HENSEL). Así no es aleatorio que los números, en la actualidad, sean parte componente de la ciencia (Aritmética).

Los Elementos Naturales (Aire, agua, tierra, fuego, madera), estaban en relación con la producción social, en la cual el pueblo aldeano, con sus instrumentos caseros (ollas, morteros, etc.), comenzara a construir al conocimiento objetivo. El agua (HA) se utilizaba para la agricultura; el fuego (KAK) intervino en la cocina; el elemento Tierra o piedra (CAB), se empleaba (caleras) para la construcción; y así sucesivamente (Aire: IK ; Madera: TE, etc.).

Esta actividad técnica de aplicación simple (instrumentos antes de las primeras maquinas eólicas), no solo mantendrían a la sociedad, sino también adquirió un valor agregado o heurístico, para el desarrollo del conocimiento (ciencia). Pues la actividad casera que podían cumplir casi todas las personas, al alcance apreciable de sus manos (trabajo practico), se desplazaba en su esquema causal a la Naturaleza no directamente perceptible (invisible) o fuera del alcance de las manos (lejanía).

Así se pensó al plano celeste (cielo nocturno), como un rio, por el cual surcaban las canoas, llevando a los astros (relación con las técnicas de navegación). Las propiedades del fuego de la cocina, se trasladaron al sol (luz, calor). Las disposiciones de piedras y medidas de los agrimensores o constructores, darán forma al esquema espacial del universo (pisos escalonados). Las plantas domésticas, eran el paradigma del conocimiento humano, ya que las personas crecían desde abajo (piso) hacia arriba (la mazorca representaba muchas veces a la cabeza de los seres humanos).

Entonces se suponía así una relación de semejanza causal (no de fuerzas), entre la Naturaleza y la Sociedad, y viceversa. Aunque este procedimiento no siempre es correcto, no debemos subestimarlo, pues varios de sus artículos llegan hasta el presente; Maíz, algodón, Mamon, Cigarros, Cacau, Chicle, Hule, algunas sustancias químicas y medicinales (reconocida esta actividad por la UNESCO).

Con el paso de los siglos, la parte manual del conocimiento, se perfeccionaría pasando a ser llamado: experimental (controles de variables). Tampoco es casual que la palabra Elementos, aparezca como título, en diversas obras de ciencia (Geometría, Física, química, etc.). Inclusive la gente común, en ocasiones refiere todavía, a la acción de los elementos de La Naturaleza.

Cuando los Mayas llegaron a su cenit intelectual o científico (en los siglos III-IV dc.), los distintos elementos se englobaron en una ley Matemática-Aritmética, ya que todos ellos (Aire, Agua, Tierra, Fuego), representados en la cúspide de sus monumentos (estelas), cumplían igualmente con la temporalidad numérica (ley IV). Así en la parte superior el espacio celeste o cielo (Aire) era simbolizado por (5) CHICHAN (serpiente voladora); en la parte del medio el Agua (representado por parte de peces), se anotaba calendáricamente como (12) EB; abajo la Tierra o piedra era el (17) CAB y en lo ultimo mas abajo, se encontraba al fuego (circulo solar), indicado en el calendario como (20) AHAU. Todo esto en conjunto, comenzaba a contabilizar (contando al Centro) a las 5 Eras (ver Ley II).

El sentido de ser ´primordial´ (materia prima), todavía se mantiene para la palabra ´elementos´, en el campo de las ciencias Naturales.

"Los Mayas pueden llegar a interesar al Historiador de la Ciencia" M. COE.

LA CIENCIA MAYA PRECOLOMBINA y la CIENCIA ACTUAL.

Por supuesto que la ciencia del presente, no es la Ciencia Maya precolombina, pero la reciproca también es cierto, pues en el pasado, la Ciencia Maya, obtuvo logros, que no se encontraban aun en Occidente. Además, todavía algunos cálculos calendarios, son más exactos que los de Occidente.

La ciencia Maya con la misma lógica (formal-empírica) operatoria, que la empleada luego en Occidente, transitó a las principales etapas: premoderna, moderna y enunciado de Leyes. Cuando los comentaristas Occidentales han referido a una etapa 'acientífica', es mejor pensar en premoderna, y cuando nos dicen 'maravilloso' o 'interesante' el termino cualitativo adecuado, es 'modernidad '.

El proceso histórico científico se dará de manera continua en una sociedad de forma de vida Oriental (DORADO), lo cual oriento al Modo de producción de los conocimientos científicos, hacia otra rama que no fue la Física occidental (la influencia social occidental sobre la física, fue reconocida hasta por HAWKING). Así en América se estudiaría a la concordancia temporal (sincronía) y en Occidente principalmente a la Fuerza (HP).

Pocos autores se dieron cuenta (SPRAJT, AVENI, COE), de que los Mayas pensaron a una ciencia (Calendárica) y menos aún, ninguno advierte, la altura comparativa que fue lograda. Esta actividad intelectual era una Ciencia, pues ya tenía en si a los 3 planos correspondientes de la actual. La aplicación Técnica (Agricultura), el control de variables (periodos Luni-solares, etc.) y finalmente, la concepción Teórica mayor (tiempo infinito).

La palabra inglesa 'science' no es la primera en el mundo, para definir al significado científico, por lo cual nosotros aquí, utilizaremos algunas de las palabras Mayas, que más se acercan a estos adjetivos (en el futuro se podrán encontrar a otras más certeras). Así la Ciencia (CHUN YAX) precolombina, no solo descubrirá a leyes Matemáticas, como definen hoy los autores científicos occidentales (CARNAP, PICKOVER, etc.), sino que, además, las expresan verbalmente.

MERTON para la ciencia Moderna anotó (nosotros tomaremos a esta definición como la referencia comparativa básica para las Leyes Mayas):

"es necesario que los fenómenos, sean concebidos de manera, que lo heterogéneo, sea reducido a procesos cuantificables homogéneos. Los elementos repetidos son índices de una Ley. Una vez que los fenómenos han sido reducidos al orden, a una unidad común, se vuelven manipulables" (I).

Como analizaremos los Mayas cumplían a casi todos estos requisitos (TZOL: Orden, enumeración, etc.), por lo cual, aquella definición de Ley científica, será nuestro modelo (MOCH), para aplicar comparativamente en la obra Maya.

La aplicación se corresponde con la Agricultura. Esta actividad será matematizada por medio de cuentas (operaciones), que en total duraban en Mesoamérica 260 días del año (SPRAJT). Por ejemplo, el calendario Agrícola Maya (GIRARD) comenzaba el 8 de febrero y terminaba el 25 de octubre (20 Febrero + 31 Marzo + 30 Abril + 31 Mayo + 30 Junio + 31 Julio + 31 Septiembre + 25 Octubre = 260 días). Según la geografía estas fechas podían desplazarse, lográndose así, por lo menos 2 cosechas anuales; 1) 52 días (30 Abril-21 Junio) y 2) 73 días (13 Agosto-25 Octubre).

A pesar de que los Mayas no tuvieron instrumentos técnicos (animales de tiro, rueda, arado de metal, etc.), pues empleaban a un palo para plantar con punta (XUL) endurecida al fuego, producen una revolución productiva (premio Nobel economía LUCAS). Esto se dio, pues lo que no tuvieron en Técnica concreta, lo sobre compensaron con su ciencia calendárica aplicada, a la Agricultura (como hoy se dice en occidente: 'ciencias agrarias´).

Hay que pensar para explicar a esta incógnita, que mientras sobre las plantas no se puede aplicar ninguna fuerza (JUILLIEN), los europeos ya disponían -gracias a la técnica eólica-, del caballo vapor (CV), y que 4000 CV, equivalían al trabajo de 40.000 personas (BRAUDEL anotara 10 millones de Caballo Vapor, disponibles para occidente). Lo que hace que intentar igualar a esta fuerza productiva, en base al trabajo grupal, sea imposible (se necesitaría una superpoblacion inexistente en la región Maya, pues más bien sería la de todo el continente Americano).

La civilización Maya clásica se derrumbará (guerra con prolongada sequía crónica de 3 siglos, a partir del siglo XI dc.), cuando este azar numérico calculable en sus promedios (temporadas lluvia), se transformó en 'azar salvaje' (MALDENBROT). Es decir, cuando mayormente la metodología anteriormente referida (época de plantación, lluvias, cosechas), no pudo ser seguida correctamente o prevenida de forma estable. No obstante, del partir de estas operaciones históricas, para las plantas de Maíz, surgirá una Ley (primera).

Para proseguir con el tema vegetal, al control de variables (experimental), el mismo DARWIN destaco la importancia, que se da en los 'criadores', incluyendo a los domesticadores de plantas culturales (como el Maíz Maya). Con estas cruzas, se trata de lograr, a un efecto acumulativo (durante generaciones sucesivas), a partir de cualidades casi invisibles. El autor ingles refiere que solo 1 persona de cada 1000 posee esta capacidad creativa, y agrega;

"si dotado de estas cualidades (visuales y razonamiento), la persona durante todos los años de su vida, estudia con perseverancia inquebrantable, triunfara obteniendo mejoras" (2).

Por la misma razón los especialistas actuales (FEDEROFF, etc.), refieren que esta fue la primera hazaña de ingeniería genética. El genetista DOBZHANSKI refiere que, en algunos casos, las combinaciones orgánicas (cruza de ejemplares), son mayores que el número de partículas constituyente del Universo. Así los Mayas co-operaron selectivamente con la potencia creativa de la evolución de las especies, logrando un aumento del tamaño, del número de granos, etc. (la hormona vegetal Rubisco es uno de los compuestos que en más cantidad se encuentra en nuestro planeta). MAGENDORF refiere que se han encontrado en la geografía Maya (KUAUTEMALLAN), a todas las disposiciones de granos en la mazorca. BEERLING ha explicado que los vegetales son los únicos que incorporan energía desde el exterior (sol) a la cadena de la Vida. ROSES-CHUA agregan que "las plantas son maquinas", siendo este artefacto orgánico (BENZ), compuesto por los Humanos (Maíz), el que los ayudo a producir a escala ya referida.

En la mayoría de los casos, las Leyes de la Ciencia, en su esquema (KOHEN), se sintetizan a partir de la ley religiosa, cuando su obligación moral (deber), se transforma en una regla numérica, que se cumple aritméticamente (objetividad). Algunos Mayas logran esto, a partir de su religión ortodoxa (BRODA), aun si así se quiere, con deísmo parcial (pues eran sacerdotes como COPERNICO).

Ya hemos explicado que los precolombinos anotaran sus leyes con formulaciones aritméticas, lo cual no significa que ellas no sean ciencia, la prueba está, en que estos números en sus resultados coinciden con algunas formulas iniciales, de la posterior ciencia Moderna europea (física, calendarios).

Nosotros en este trabajo de historia de la ciencia, proseguiremos el camino que marcan las operaciones numéricas, pues ellas como las de la ciencia occidental, dependen de la existencia anterior, de operaciones mentales (pensamiento) que las producen (no puede haber operaciones aritméticas, sin operaciones mentales previas, que las hayan creado). También para los Mayas estos dos planos operatorios, eran compañeros o iban juntos (CUATES). El equilibrio psicológico de los distintos significados mentales, se da cuando 2 operaciones psicológicas (una directa y otra inversa): X + Y = Z; Z – Y = X (en donde el primer significado X -cualquiera para el sujeto que lo piensa- se mantiene igual al final X; o sea se cumple X = X). El Matemático GAUSS explico algo semejante para la formación del número cero (0), cuando anoto + 1 -1 = 0. Lo mismo en versión de operaciones Mayas seria:

(KITAN) + (HUN) 1 (KUNAH) – (HUN) 1 (LUB) = (MI) 0 .

Psicológicamente (PIAGET 3) las distintas operaciones mentales, se derivan de la internalización de las conductas humanas, con distintos objetos (+: juntar, -: separar, =: intercambiar, etc.). Estas acciones en Maya son +: YUC -y- -: TZUC (movimientos opuestos y complementarios entre sí). Estas operaciones mentales al conservar los objetos descentran a las personas, del error de las apariencias (por ejemplo 5 piedras en hilera, prosiguen siendo igual en cantidad, que 5 piedras agrupadas).

De esta forma estudiaremos a las operaciones exactas (LUB=), realizadas por los precolombinos, pues ellas demostraran a la descentración mental adaptada (objetivas), que lograban científicamente (como cualquier otro científico del mundo), al elaborar el apartamiento respecto del error, de su YO subjetivo (contradicción asimétrica no compensada).

Así los Mayas no solo colocaban números en sus nombres particulares (7 Serpiente, 0 para los sacerdotes calendaristas, etc.), sino que, además, humanizaron a los números (caras de personas, etc.). Entonces sus monumentos de piedras talladas (estelas), con figuras humanas rodeadas de caras numéricas, eran una rustica radiografía literal del espíritu humano, que mostraba a las operaciones internas significativas de las Personas.

Los números eran Alters Egos (antropólogos) o sus otros Yoes Psicológicos (SIITS). Como refiriera PTOMKIN en Mesoamérica se recrea una nueva economía (numérica), de la Mente Humana, en la cual las diferencias anatómicas (partes corporales como las caras), son mentales (AUSTIN). Por ejemplo, el numero cero (MI), se indicaba con una cara tomándose la barbilla (pera). Así los MAYAS fueron únicos en tener un sistema numérico con cabeza humanas (lo cual en cierta forma humanizo a la aritmética).

Pero las caras no solo mantendrán a una perspectiva de perfil (plana), sino que además se les agrego una dimensión de tallado en 3 dimensiones (lo cual se aprecia en su arquitectura). Así en la construcción de edificios (UXMAL, CHICHEN ITZA), las esquinas, mostraban rostros (mascarones), con sus mitades reales hacia atrás del observador, que las está apreciando, desde el vértice de la construcción. Lo cual era justo lo inverso de la pintura renacentista europea, en la cual el plano real del cuadro (lienzo), estaba hacia adelante, y la profundidad virtual, en perspectiva, iba hacia atrás del plano. De manera que si el observador se paraba al costado de la construcción (cuerpo paralelo a una de las paredes), solo captaba a una sola de las mitades de la cara (rostro parcial). Para percibir la cara entera, el observador debía pararse, en la posición que esta frente al vértice (del ángulo de las dos paredes), con su cuerpo paralelo, a la tangente que pasaba por el ángulo de la esquina (si hacia esto, el mascaron también lo miraba a él).

Por supuesto nosotros no afirmamos aquí, que la Ciencia Calendárica Clásica sea superior a la Física, ni viceversa, pues no hay una rama científica mayor a la otra (pues todas sirven), dependiendo su valor más, para que se requiere al conocimiento científico respectivo (tiempo, fuerza, etc.).

Entonces a continuación de un ejemplo inicial, daremos posteriormente a 4 más en total (uno para cada rama de estudio), los cuales serán suficientes, para demostrar a lo ya referido. En otras palabras, que se constituyó con los enunciados de Leyes, a una ciencia Moderna precolombina. Esta cualidad cabe para esto, pues la mayoría de los argumentos Mayas, están asociados, a ejemplos modernos posteriores de la Ciencia Occidental.

INTRODUCCIÓN: LA PREDICCION de FENÓMENOS.

Este es un escrito sobre la Ciencia precolombina y las leyes que obtuvo. A pesar de que hubo aportes de otros pueblos (OLMECAS, ZAPOTECAS), es específicamente sobre los Mayas, que obviamente plasmaron a una sociedad amplia (escritura. Religión, etc.), que no puede negarse (quizás lo menos desarrollado de ella fue la técnica). Lo inverso (como hacen varios autores), de omitir negando que practicaron también a una tarea científica, es un gran error, cercano a la ignorancia discriminativa. Como se trata básicamente de Aritmética aplicada en distintos campos, su simplicidad, hace nula a la excusa de incomprensión del adelanto obtenido, si nos remitimos a la Historia de la Ciencia comparada.

Pues algunos intelectuales Mayas, que se apartaron gracias a sus operaciones mentales del reduccionismo religioso, no solo cultivaron varias ramas científicas (aplicaciones, aritmética, astronomía, calendarios), sino que además expresaron estos conocimientos, mediante leyes objetivas. Esto es lo que demostraremos básicamente.

Para dar un ejemplo de cualidad moderna, citaremos a POPPER (Lógica de la investigación científica), cuando explico; "la tarea de la Ciencia Natural, es buscar Leyes que permitan deducir predicciones "(4). Esto será lo que harán los Mayas en su campo de estudios (predicción de estaciones, etc.), incluso de manera exacta (numérica).

En la rama de su astronomía, no solo obtuvieron a una ciencia (AVENI), sino que también cumplirán con aquellas características avanzadas, o sea, el poder predecir los acontecimientos científicamente, antes que ocurrieran (en cambio en la noción de orbitas, eran iguales de erróneos, como lo fue el mismo COPERNICO).

En este sentido, era entonces una astronomía 'experta', como se reconoce hoy en occidente, para los astrónomos, que pueden cumplir la tarea de predecir a los eclipses. En el presente algunos astrónomos están reconociendo que los Mayas clásicos históricos fueron quizás los únicos en el mundo, en poder prever a estos hechos astronómicos.

Para poder realizar esto mismo, se tienen que disponer, con datos exactos de periodos Solares y Lunares. Los Mayas en su glifo Uinal juntaron al sol con la luna. Las crónicas refieren que será 'la noche y el día, al mismo tiempo' (eclipse de sol). Los astrónomos Mayas partirán de 405 lunaciones totales o de 33 años solares (es probable que hayan observado a las manchas solares, a través de láminas de jade, pues este número es múltiplo del periodo de las mismas: 11. 3 = 33).

Así tenemos a la siguiente ecuación, para las tablas que utilizaban para los eclipses: (cuadro)

(Sinódico lunar) 29,53 días. 405 = 11959, 65 = (semejante) a 11960 días (en Maya 1.13.4.0).

Entonces anotaran a 3 grupos distintos de cómputos Lunares:

9 (c/u: con 3 de 30 días; y 2 de 29).	148 días (subtotal).	1332 días (total).
53.(c/u: con 3 de 30 días; y 3 de 29).	177 días.	9381 días.
7 (4 de 30 días; y 2 de 29).	178 días.	1246 días.
------ .	.	-----------------
69.	.	11959.

Al final de cada grupo (69), puede ocurrir un eclipse (DORADO). Estas tablas eran ajustadas correctivamente cada 50 años (THOMPSON). El descubrimiento central será el número 173, 3 días (TEEPLE). En COPAN la estela M estaba grabada con este número: 520 / 3 = 173. Para nosotros este número derivaba de 11960 / 69 = 173, 3 días. Este número es la traducción temporal, de los posteriores nodos geométricos, de la astronomía Occidental.

De 5 intervalos (días), que hoy tiene la astronomía occidental, para los eclipses solares, ya 3 de ellos, estaban reconocidos por los Mayas: 1039, 1211 y 1742 (RAMOS). Así en la tabla anterior, que comenzaba en el día 12 Lamat, se cumplían con las siguientes operaciones: 12 Lamat (168) + 173 = (341) 3 Imix; 3 Imix + 173 = (514) 7 IX; 7 Ix + 173 = etc. Para la fecha en que caía el eclipse se tenía a un margen (desvío estándar) de 3 días. Si la fecha estaba más cerca de 1 luna llena, el eclipse era lunar, si en cambio está más cerca de la luna nueva, el eclipse era solar. Sabían también, que podía acontecer un eclipse, en otro lugar, aun sin que se lo observara desde la geografía Maya.

También conocieron (COPAN 837 dc. estela A: 18.5.5) a un periodo de 18 años ((6585 / 365,242 = 18), al que se le sumaban 10 días (6585 + 10 = 6595), en el cual, se reitera el orden de todos (70) los eclipses, otra vez (29 lunares y 41 solares). A mediados del siglo XI dc. se erigió el Templo XI de COPAN, en honor, al descubrimiento de este orden serial en los eclipses.

Pasaremos a continuación al enunciado de las 4 Leyes, previamente referidas.

CAPÍTULO I: LEY I: IMPLANTE FOLIAR

(Agricultura: U CHUL WAKAL KIL)

Los Mayas no conocían a las leyes de la genética (MENDEL), pero en cambio descubren inicialmente a la Ley, del implante disquio fenotípico (Maíz), de la aparición de las hojas (BIL en Maya) mucho antes que sea completada por los occidentales (FIBONACCI, BRAUN y otros físicos (5)). Por lo tanto, nos encontramos ya en presencia de una ley de la Naturaleza, solo nos queda averiguar el nivel de adelanto que tenía (como demostraremos a continuación, por su estructura operatoria adelantada, se trata de una Ley Moderna).

La ley (operaciones ordenadas en serie), aquí estaba dada por una sucesión numérica de operaciones aritméticas, que registraban a una serie de acontecimientos causales (1°, 2°, 3°, etc.), fenotípicos del crecimiento (días), del Maíz (NAL TEL). Los números explícitos (días) eran los siguientes:

1) 4
2) 5
3) 8
4) 13
5) 20
(.....)

Como estos números (serie 4,5,8,13. ...) no se encuentran en el registro internacional de Números Enteros, no cabe duda entonces que fueron creación de los Mayas.

Aquí los cambios fenotípicos observados por los Mayas (GIRARD), son: 1°) a los 4 días de plantado el grano (NAL), despuntaba (HURAKAN), la plantita; 2°) a los 5 días brotaba la primera hojita lateral (rotura de simetría); 3°) a los 8 días, sale la 2da. hojita contralateral; 4°) a los 13 días el maíz (IX IM), tiene a las dos hojitas aproximadamente del mismo largo ('alas de perico' decían los Mayas); 5°) a los 20 días se alcanzaba la unidad vigesimal (UINAL), etc.

Si ahora (recordamos que los americanos no practicaron física), emparejamos biunívocamente (1 a 1), a estos números con los de la formulación (E = T al cuadrado (6)) de la ley de GALILEO (una de las primeras de la física moderna), de caída libre, en donde el espacio recorrido por el cuerpo (1,4,9,16...), es igual al cuadrado del tiempo transcurrido (0,1,2,3,4...). Así se obtiene, el siguiente cuadro comparado:

4	0
5	1
8	4
13	9
20	16
(.......)	(......)

Se tiene que implícitamente ambas series de números evidentes (implante, caída), están producidas por operaciones implícitas aditivas (+) con iguales números de la serie (1,3,5,7,...) de los impares (4+1= 5 y 0+ 1=1 ; 5+ 3 = 8 y 1 + 3 = 4 ; 8 + 5 = 13 y 4 + 5 = 9 ; etc.). Esto se denomina isomorfismo en Aritmética (literalmente igual forma).

Esta comparación temporal está permitida, pues los Mayas privilegiaban a los números impares, operando así sin saberlo conscientemente, con números primos (3,5,7,11,13,....), pues el único de ellos que es par, es el número 2 , que aparece también formando a de los números implícitos comunes impares (1+2= 3; 3+ 2= 5, etc.). También ellos podían sacar al mínimo común múltiplo. Así no es casual que se haya podido (CARLSON), factorizar a los principales números (calendáricos) Mayas. Si bien los números en el ejemplo dado, que producen a los demás son adimensionales (BUKHIMGAM), ambas series, se regulan por el tiempo (T) transcurrido.

Si tenemos en cuenta a la tabla periódica Química -otra ley de la Naturaleza (aquí la simetría molecular se denomina Isotáctica)-, advertimos que ella también se construye ordenadamente (si bien cada elemento es distinto causalmente al otro), por intermedio de la implícita interacción +1 (1+ 1 = 2; 2+ 1= 3; etc.), a diferencia, de la serie de números impares (primos), ya detallada.

En suma los Mayas fueron expertos en encontrar y resaltar, a los números enteros (cuestión difícil de lograr), en la Naturaleza : serpiente de luz en equinoccios (día = noche); 5 y 65 revoluciones sinódicas Venusinas (2920;

37960); en COPAN algunos edificios estaban virados 7 grados 40 minutos del norte (AVENI), lo que sugiere que se guiaron por la declinación magnética (antes que los europeos supieran de la inclinación magnética), y finalmente aunque no conocieron , al número que regulaba (ecuación de FOURIER),al fenómeno del eco, si lo reprodujeron magistralmente, como el canto del QUETZALT (LUDMAN).
Concluyendo aquí la Ley (1) Aritmética operatoria Maya del implante, será esencialmente anotada como "13 + 7 = 20", pues los Mayas tenían la costumbre de simplificar. O tan bien la enunciaban:

(13) OXLAHUM (+) KITAM (7) VUC (=) LUB (20) UINAL.

Esta Ley estaba relacionada con el calendario de la Agricultura, pues 365 – 105 (30 Abril a 13 Agosto) = 260 = 13. 20. Los números 13 y 20 eran números explícitos (del crecimiento observable del Maíz) y el numero 7 impar, era implícito. Así 7 + 13 = 20, implicaba a toda la serie de números ya expuesta.

No es por azar que los Mayas denominaban al número 13, como KUL o principio ordenador (HASSELKUS). Así por el lado precolombino se tenía Aritmética y Biología (vegetal), y por el lado occidental Aritmética y Física. Para otro caso semejante, se ha referido (GOODWIN: 7), que se conjugaban Matemática, Física y Biología.

Los Físicos clásicos (desde CHURCH), han realizado experimentos más completos (plantas), pero los Americanos se les adelantaron -por siglos-, al iniciar estos estudios. Por supuesto que, en ninguna de estas dos geografías, se tenía conocimiento (excepto GALILEO que intuyo algo), de lo logrado en la otra (pensemos que todavía Occidente, no conoce mayormente, a los aportes Mayas).

STRAUSS hablo para los precolombinos de un 'pitagorismo vegetal' y el premio Nobel WILCZEK (8), agrego además al caso de un 'pitagorismo (aritmética) Moderno' (no está de más decir aquí, que aquel también refirió que PITAGORAS enuncia a una de las primeras leyes de la acústica; nosotros convenimos que, en su caso, es el de una ley premoderna). Sin embargo, para este caso Maya, ellos ya estaban efectivamente en una Ley Moderna, pues como refieren los matemáticos (NAVARRO, TREJO: 9), los isomorfismos operativos (1,2,3,5, etc.), son para establecer teorías integradas. En este ejemplo nosotros recalcamos que lo común a ambas ramas científicas, es la cualidad de modernidad. Se puede concluir entonces que la cualidad de adelantamiento de ambas series (modernidad), es verdadera.

Pues si se aprecia a las series (números isomorfos) desde un lado u otro, se advierte que hay una simetría (desde ambas se contemplan las mismas cantidades), o como se ha explicado en la ciencia occidental, que las Leyes fundamentales son simétricas. En otras palabras, la Naturaleza (física o vegetal), para los mecanismos básicos, usa a la simetría (WILCZEK), o sea a las cantidades invariantes (iguales). Que representan a ´cualquier´ perspectiva del observador. Así las cantidades se conservan (NOHETER) en principio (en psicología este isomorfismo, se denomina o esta producido, por la reversibilidad).

Esto es totalmente coincidente entonces, con los enunciados sobre la agricultura (plantas), cuando se afirma, que ella era una ciencia para los precolombinos (MANTEGAZZA) o bien que fue el primer paso, hacia la Modernidad (WHITEHEAD).

CAPÍTULO II: LEY II: INFINITO POTENCIAL

(Aritmética: WOOH)

En este punto se desarrollará el tema de las de operaciones coordinadas asociativamente entre sí. En la aritmética '7 + 13 = 20', se expresaba como: '7 (VUC) + 13 (OXLAUN) = '1' (HUN) '; o bien 7 + 13 = 20 UINAL o unidad vigesimal. Los Mayas harán antes de que así lo refiera GAUSS, a la Aritmética reina de las ciencias (pues las aplican en todas sus ramas). Estas operaciones se acercaban formalmente al sentido de ley en la matemática actual, cuando se habla de operaciones, como Leyes (conmutativa, asociativa, etc.). No es por casualidad tampoco que WHITEHEAD explico consecuentemente, que la Aritmética es un rasgo de pensamiento moderno.

Sera por este motivo, que formulaciones elementales semejantes (1 + 1 = 2), fueron incluidas por el matemático PICKOVER, en su obra sobre 'Leyes de la Ciencia ', dentro de una breve lista, por su capacidad de haber transformado al mundo. Desarrollaremos entonces, como la operación vigesimal, hará inconmensurable al mundo precolombino, a través de la interacción operatoria (MERTON 1). El sistema vigesimal sacaba ventaja operatoria mayor sobre el decimal occidental, pues en el 5to rango o escalón, ya había una diferencia de 134.000 unidades (= 144000 – 10.000).

Como los Americanos despliegan a su sistema numérico vigesimal (20 en 20), esta cantidad y sus múltiplos (THOMPSON), aparecerán en casi todos los campos (agricultura, astronomía, calendarios). Se partiera desde pequeñas (MAR) cantidades, llegándose a las grandes (CHAN), y de allí al infinito (HUNAL).

Por ejemplo, los números (trecenas o veintenas), y los nombres (días, meses), estaban al principio separados (TZUK), para luego asociarse (YUC).

Se armarán así (por correspondencia biunívoca) los calendarios bases, las 13nas y 20 nombres darán el Tzolkin (260 = 13. 20) y 20 nas con 19 nombres darán el Haab (365 = 18. 20+5). Luego de 73 revoluciones del Tzolkin y 52 del Haab, las cantidades se igualaban otra vez (73. 260 = 52. 365). Naciendo otro calendario denominado WAKIL KILIL o Cuenta Corta (18980 unidades en Maya 0.2.12.13.0) y finalmente a partir de una fecha común 4 AHAU (160

Tzolkin) 8 KUMHU (348 Haab), comenzaría la obra maestra Maya XOX IT o Cuenta Larga (lo que les permitió tener una Fecha Era a partir de la cual, las Ruedas Calendarias fugarían al infinito potencial). Se agregarían para contar aquí grandes unidades Kines (1), Uinales, (20), Tunes (360), Katunes (7200) y Baktunes (144000).

Si hacemos un esquema evolutivo de todo este desarrollo, tendríamos:

<table>
<tr><th>Números (13nas)</th><th>Nombres(20)</th><th>Números(20nas)</th><th>Nombres(19)</th></tr>
<tr><td>11</td><td>IX</td><td>2</td><td>KUMHU</td></tr>
<tr><td>12</td><td>MEN</td><td>3</td><td>KUMHU</td></tr>
<tr><td>13</td><td>CIB</td><td>4</td><td>KUMHU</td></tr>
<tr><td colspan="2">1 CABAN</td><td colspan="2">5 KUMHU</td></tr>
<tr><td colspan="2">2 ETZNAB</td><td colspan="2">6 KUMHU</td></tr>
<tr><td colspan="4">3 CAUAC 7 KUMHU</td></tr>
<tr><td colspan="4">4 AHAU 8 KUMHU</td></tr>
<tr><td colspan="4">5 CIMI 9 KUMHU</td></tr>
<tr><td colspan="4">(.......................................)</td></tr>
</table>

Los cómputos en la Cuenta Larga, estaban sujetos a reglas formales propias. Por ejemplo, cada vez que aparecía un nombre distinto del Mes (HAAB), reaparecía igual nombre del Tzolkin; cero en el lugar de los Kines, reaparece el nombre Ahau, también ocurría esto con los números (52, 73), que volvían a reaparecer, etc.

Los Mayas no supieron que esto anterior, será una síntesis de las estructuras 'Madres' matemáticas (BOURBAKI), tanto del orden (Cuenta Corta) y algebra parcial (Cuenta Larga). Pero en la práctica se acercaron a ellas. El equilibrio en la primera es la reciprocidad (desde un primer computo 11 IX a otro cualquiera 13 CAB, hay la misma (=) cantidad 2da. que viceversa y en el segundo caso, son operaciones inversas (+1 -1 = 0). Cuando psicológicamente (PIAGET: 10), las estructuras mentales (concretas-formales) análogas a estas (4 AHAU 8 KUMHU), se combinan entre sí, es decir que operan en conjunto o simultáneamente, aparecerán posibilidades de cualidades nuevas, como cuando lo real (empírico), se subordina, a lo hipotético (operaciones formales).

Esto fue lo que les permitió a los Mayas, llegar al infinito matemático o potencial (BOLON TZAKABIL), por intermedio de diferentes Eras. Esto se hizo sin perder exactitud, por ejemplo, cada fin de BAKTUN caía alternadamente en un equinoccio y solsticio (HERNANDEZ); las 5 Eras estaban cerca de la precesión de los equinoccios. Desde la arqueoastronomía se ha aportado al respecto, ya que se han dado pruebas que las culturas casi prehistóricas (SANTILLANA), comenzaron a estudiar a este fenómeno celeste. Este periodo es muy difícil para calcularlo en su totalidad (23000 – 26000 años), teniéndose que deducirlo a partir de observaciones (MENZEL) parciales (vida humana), con miras (ETZ), que apuntaban hacia el horizonte lejano (como hacían los Mayas).

Realizando un promedio de cálculo, según la astronomía moderna occidental de 25729 años, y lo extrapolamos para la época Maya 25950 años, tendremos 25840 años, que, respecto al valor formal de las 5 Eras de 25626 años, da una diferencia (sin corregirlo: CASTELLANOS), de solo 214 años (o sea un 8 % de error al valor total). Así el autor SEVERIN explico que los Cálculos Mayas de la precesión de los equinoccios, se encuentran en el Códice de Paris (MAUPONE).

Así si hacemos un cuadro esquemático, de las operaciones hacia el infinito potencial, tendremos:

1 Era (WINAQ MAY KIN) = 5125 años o 13 Baktunes (13.0.0.0.0.), grabada en QUIRIGUA.
5 Eras (HOKOL MAY KIN)= 25.626 años o 65 Baktunes (3.5.0.0.0.0): COPAN.
Gran Era (CHAK KIN OCHTE)= 374.152 años o 949 Baktunes (2.7.9.0.0.0.0.) TIKAL-UAXAXTUN.

Desde 1366560 (9.9.16.0.) se hacia una división / 73 multiplicando al resultado por 100, y se obtenía el valor de una Era o bien 7200 (Katun) . 260 = 1 Era. En días 1 Era; 1.872.000 . 5 = 9.360.000 días de las 5 Eras; y días de una Era 1.872.000 . 73 = 136.656.000 días de la Gran Era.

Por esta razón se ha dicho que los Mayas estamparon (SCHELE) a uno de los mayores números finitos y se agregó (DORADO), que los precolombinos estaba formalizando a la idea de eternidad, traspasando (COBA), a todos los límites temporales. Pensemos que comparativamente a los griegos les costara alcanzar al infinito.

Nosotros nos encontramos de acuerdo con los historiadores de la ciencia (KOYRE, GOLDSTEIN, etc.), cuando expresan que a partir de COPERNICO el universo se hizo (Renacimiento), infinito o espacialmente Moderno; pero hay que tener en cuenta, que algunos pensadores Mayas, plantearon antes intelectualmente lo mismo, en el parámetro temporal. Puede que en algunos cálculos hayan sobrepasado las estimaciones de la física actual sobre la edad del Universo.

Esto ayuda a entender (BROTHERSTON), de que son los precolombinos los que explican a los occidentales, que el mundo tenía más de 6000 años de duración, idea la cual llego hasta la Ilustración europea. Así si bien los Mayas recibieron conocimientos anteriores, ellos serán los que más lejos los llevaron (infinito).

CAPÍTULO III: LEY III: SISTEMA INTEGRADO

(Astronomía: WAY HA)

En este caso se trata de operaciones co-univocas que se integran (TZAY), en un sistema de conjunto total. Ya sabemos (AVENI: 11), que la astronomía Maya, era una ciencia. Esta exactitud astronómica (que llego a tener 1 día de error en 6000 años totales), era lograda por observaciones, que fugaban al horizonte (por ejemplo, el sol en el horizonte tenía un glifo propio).

En esta rama se anotaría una formulación, que fue llamada (por el autor anterior), como el 'super número'; en Maya 9,9.16.0.0 (= 1366560 días). Esta cantidad articulara a varios ciclos (CUC) celestes, entre sí.

La Ley (1) de la naturaleza temporal, se enunciaba: BALUM (9) BAKTUNES (= 1296000), BALUM (9) KATUNES (=64800), WAKLAHUN (16) TUNES (=5760), MI (0) UINALES y MI (0) KINES. Así: 1296000 (= 144000 . 9) + 64800 (= 7200 . 9) + 5760 (= 360 . 16) + 0 (= 20 . 0) + 0 (= 1 . 0) = 1366560 .

En números de unidades calendáricas (KINES = días), este gran numero anterior, coordinaba a varios periodos iguales:

-(Agricultura): 260 . 5256 = (Año trópico): 365 . 3744 = (sinódico Marte) 780 . 1752 = (sinódico lunar) 29,53 . 46277 = (sinódico Mercurio) 117. 11680 = (sinódico Venus) 584 . 2340 = (LUB) 1366560.

La concepción física Moderna de NEWTON (s. XVIII dc.) será la que integra (uni-verso) en occidente al plano celeste-terrestre, por intermedio de la fuerza gravitatoria, que afectaba tanto a la manzana como a la Luna. Los Mayas también logran sincronizar a través del T (tiempo) absoluto (t= t'), al sol (espacio), con el maíz terrestre (que es una de las plantas más solares de la tierra). Nosotros estamos demostrando algo parecido (universalidad) para el caso Maya, pues la ley Galileana de caída, se acerca en el suelo terrestre, al afecto causal de la ley universal, de la Gravedad Newtoniana (inverso del cuadrado). La gravedad es el factor común en ambos casos (maíz, piedra), aunque en uno se vaya hacia arriba en crecimiento (las albuminas captan a esta fuerza) y en otro hacia abajo (descenso).

Así quizás como sugirió PRIGOGINE se cumpla que, en el Universo, la vida sea tan común, como la caída de una piedra (hoy se sabe que las quinonas vegetales, que provienen del espacio exterior, son semejantes a las que se encuentran en la tierra).

El historiador de la ciencia KOYRE explico que el autor ingles trajo la exactitud (unificación) del cielo hacia la tierra (física), y a su vez, los Mayas ya la tenían no solo en el cielo (9.9.16.0.0), sino también en la tierra (CAB). Esto no solo se aprecia en las Estelas de piedra (4/5 elementos), sino en la formulación de su Fecha Era (2906 ac): '4 Ahau 8 Kumhu' (el 4 y el 8 son números del Maíz y Ahau representa al Sol; SCHELE). En otras palabras, la Naturaleza (simbólicamente en su universalidad legal), estaba representada no solo en la Manzana, sino antes también en el Maíz. Así a pesar de KANT, en el sentido figurado, los Mayas son los 'Newtons de las hojas de hierbas' o gramíneas.

Si agregamos que estas series numéricas (4,5.8, 13,...) del crecimiento del Maíz , son producidas también por el Sol (fotosíntesis), no es casual, que si los mismos se continúan bajo iguales operaciones implícitas (+ series impares), se llegue explícitamente otra vez a los principales números solares (365, 260 = 365 – 105 días , de los 2 entre cenits del sol). Esquemáticamente tendremos, a partir de los números básicos del Maíz, a una cierta congruencia, por prolongación de la serie inicial implícita:

4	+ 1=
5	+ 3=
8	+ 5 =
(.......)	(......)
260	+ 33 =
293	+ 35 =
328	+ 37 =
365	

Si además hacemos un análisis interno de la cantidad 9.9.16.0.0, podemos encontrar a nuevas verdades, como el heliocentrismo parcial planetario, que incluye al heliocentrismo terrestre. El astrónomo GUTIERREZ se ha preguntado si los Mayas conocieron esto mismo. Como el antropólogo CASTREL solicito vincular a COPERNICO con los 'salvajes', nosotros aquí, mostraremos como los Mayas pueden haber llegado a la noción de heliocentrismo terrestre, a condición de tener presente que autor polaco, no dio pruebas empíricas de la traslación terrestre en derredor del Sol, las pruebas concretas de esto, fueron todas posteriores (el autor KOESTLER especifica que en promedio COPERNICO hizo para desarrollar su obra meritoria, 1 observación por año).

Si se sigue sosteniendo la Modernidad del autor europeo (que nosotros respetamos), en estos términos anteriores, tendremos la siguiente explicación, del heliocentrismo terrestre, pensado o elaborado, por algunos Mayas precolombinos.

El autor polaco refirió que, si se pudiera aumentar a la visión humana, se apreciarían -en su tiempo- las faces planetarias. Esto será precisamente lo que realizo GALILEO, con su telescopio, cuando enfoco al planeta Venus, concluyo 'la Diosa del amor (Venus), tiene faces como Selene (Luna)'.

Algo semejante también fue realizado por los Mayas, a través del brillo (los precolombinos lo podían localizar, incluso de día: STRAUSS), de Venus (NOH EK). Algunos astrónomos Mayas sabían que Venus pasaba por detrás del Sol (conjunción superior) o que emergía del mundo subterráneo (TEDLOK). Este pensamiento está estampado en la siguiente formula (ciclos en días), que los Mayas conocían, pues la pensaron realmente:

(Venus) 584 . 2340 = 3744 . 365 (Sol).

El siguiente paso fue trasvasar a la Tierra (CAB), esta cualidad de Venus (heliocentrismo parcial). La fórmula que facilito a esto mismo, era:

(Venus) 584 . 2340 = 5265 . 260 (Tierra).

Así algunos Mayas supieron antes que HERSCHEL, que a pesar de que el movimiento terrestre no se apreciaba sensiblemente (principio relatividad Galileano), pues la tierra se desplazaba por el espacio (siguiendo emparejada mente al sol: PILEN), como lo refería su propio nombre, en CAB la partícula AB indicaba propiedad de 'vuelo' (movimiento).

Se podía concluir, más seguramente, que la Tierra tenía un movimiento de desplazamiento o 4 Movimiento (= 260 / 65) en derredor al sol, pues CUC significaba ciclo (igual fue para COPERNICO revolutionibus). Esta semejanza con el movimiento solar (4 etapas), fue pensada a través de la siguiente formula operatoria:

(Tierra) 260 . 5265 = 3744 . 365 (Sol).

Lo cual es igual (a través de la cinemática temporal) a lo que una vez refirió el astrónomo PTOLOMEO, de que da lo mismo pensar, que lo que se mueve es la tierra respecto del sol. Pero aún más, pues como refiere el premio Nobel WILCZEK, los números son para "cualquier perspectiva de observador", incluyendo a uno terrestre que se desplace alrededor del Sol, (los Mayas se descentraron del sistema tierra, con una perspectiva espacial, antes que lo haga LEONARDO). Mas específicamente A. WILSON (11) ha explicado que como los Mayas conocieron al año sidéreo, esto implicaba a una "perspectiva mental observacional: desde el Sol, apreciando al movimiento terrestre". Lo cual equivale al heliocentrismo terrestre.

En otras palabras (MENZIES (12)), se cumple aquí, lo expresado por la Enciclopedia Británica, de que hubo algunos autores que pensaron también algo moderno astronómico como COPERNICO. Para el caso de la astronomía Maya, hay posibilidad de que se haya llegado a un heliocentrismo parcial (Venus, Tierra), por medio de un pensamiento (operaciones mentales), de ecuaciones aritméticas exactas.

CAPÍTULO IV: LEY IV: CONSERVACION TEMPORAL

(Ciencia Calendárica Clásica: CHUN YAX OCHTE)

La Ciencia Calendárica Clásica de los Mayas contaba con varios capítulos específicos (Luna, Sol, Venus, Marte, etc.) y a la vez vinculados entre si (Ley III). Las estimaciones iniciales, están vinculadas con la técnica (METATE), pero luego sus observaciones se harán más específicas (horizonte, altura), más en el sentido de una Cronometría. Así los calendaristas miden muy precisamente a la variable tiempo (cronología), por ejemplo, el Templo del Sol en PALENQUE, era literalmente un exacto reloj de Sol (equinoccios, solsticios, cenit). Por ejemplo, para el calendario Solar (año tropical), las diferencias (=/=) a la realidad por error, se irán reduciendo con la historia:

Siglos VII -VI ac:................0.24232 de día.
Siglo II ac:..........................0,00768 d (HUEHUETLAPALLAN). Esta fue la corrección equivalente a la posterior Juliana de Occidente. Antes de Siglos VI-VII dc: 0,00028 de día (ESTELA A COPAN). Esta fue la corrección equivalente a la posterior Gregoriana de Occidente.
En el Presente: ....: el error por una unidad, no estaría en el quinto lugar después de la coma. El valor anual (año del trópico), tendría un valor calendárico de 365 , 242 . 19 = 6940 = 7200 – 260 .

En el tercer lugar (antes de los s. VI-VII dc.), ya los Mayas habían sobrepasado al nivel de exactitud posterior, del calendario Occidental Gregoriano (Renacimiento: 1582). Este Calendario es el actual para Occidente y a su compositor directivo CLAVIUS, se lo llamo como ´Moderno' (un cráter de la Luna lleva su nombre).

Pero como este Calendario occidental, fallaba en 1 día entero en 3000 años, y el Maya caía en igual error, pero en 5000 años, entonces podemos especificar también, a la Modernidad previa del Calendario Americano.

MORLEY concluye que los Mayas realizaron un prodigio en cualquier sistema Calendárico, ya sea el Antiguo o Moderno, por supuesto si esto sucede, es porque ya antes, su calendario era Moderno. En la cantidad de la Gran Era (después de 300.000 años, el error supuesto para la localización de 1 determinado día, casi alcanzaba al error experimental de 10 lugares después de la coma, en la rama científica más sofisticada, del Occidente presente: la mecánica cuántica (SOKAL). Esta exactitud era obtenida en base al sistema aritmético posicional y el numero cero (occidente de forma distinta recibe a estos logros desde el exterior de su geografía).

Recordamos esto anterior, pues para medir bien, antes (BACHELARD) hay que conservar (KALAK KIN), a la variable que se pretende medir. Por lo tanto si los calendarios Mayas estimaban certeramente al tiempo, era porque lo conservaban: por ejemplo Venus 584 . 5 = 2920 = 365 . 8 Sol, etc. Los Americanos trascienden con esto, a la errónea noción de sobrepasar un cuerpo a otro (PIAGET), con independencia del trayecto recorrido, concluyendo la igualdad (LUB) a través del tiempo.

De esta forma los precolombinos logran conservar, de manera permanente, a la duración del mundo natural (GIRARD).

El concepto de conservación (igualdad que se mantiene ante los cambios aparentes) surgió (PIAGET: 13) mucho antes de cualquier estimación de los laboratorios del hemisferio norte Occidental, lo cual posibilita que hayan sido descubiertas en otras ramas científicas como la referida por nosotros aquí. Espontáneamente por el modo de producción correspondiente, los niños Mayas llegarían en promedio antes, que los niños occidentales, en la conservación de la materia (alfarería) y además en la conservación de las cantidades semicontinuas (granos de maíz).

Los adultos Mayas denominaron a la estrella del Norte, como XAMAN EK, que era la estrella guía, para los comerciantes, que llevaban un fardo de carga (KUCH), en su espalda. Este peso también simbolizaba a la carga temporal (AH KUCH), que se transmitía de calendario en calendario (etapa en etapa), a otro relevo (CHASQUI), que la retomaba transportándola (la cantidad anterior se conservaba). En otras palabras, GALILEO descubre a la conservación de la energía (cinética-potencial) y los Mayas a la conservación del tiempo (pasado-futuro).

Los estudiosos Mayas (calendaristas clásicos), llegan a la conservación temporal o a la noción de tiempo absoluto, antes que los Occidentales. Esto ocurriría también a posteriori con la Física (tiempo absoluto de NEWTON).

Hoy estas cualidades invariantes son reconocidas por la ciencia actual, por ejemplo, el biólogo molecular MONOD explica que científicamente: "las proposiciones más fundamentales son postulados Universales de Conservación (14)". Concluyendo lo que es una noción de ciencia Moderna en un lado, lo es también en otra geografía.

CONJUNTO UNIVERSAL de las LEYES CIENTIFICAS TEMPORALES MAYAS

En este punto -a diferencia de los anteriores- detallaremos, la ley que los intelectuales Mayas cumplieron, sin saberlo o enunciarlo explícitamente (Ley Universal del primer Digito: BENFORD).

De esta Ley universal se ha explicado (TAO :15), que cuando un conjunto de números es mayor (grande), las propiedades de este sistema, son gobernadas, por leyes más simples. Esto es en efecto, lo que se cumple para las estimaciones de los Mayas. En otras palabras, la complejidad múltiple, puede ser reducida a pocos números de la Aritmética, que es el campo en el cual los Americanos trabajaban operando.

Así, aunque la diferencia a el numero teórico proporcional para los pocos ejemplos nuestros (N= 30), en este pequeño trabajo, es alto 1,4 (= 2,9 - 0,9), pues el desvío normal para la ley de BENFORD, es de 3, pero por 100 (por ciento): hay que tener en cuenta, que este índice mejora. si se aumentan los casos de la muestra (grandes números). Nosotros en este trabajo estamos en la muestra (N) mínimamente a 70 números de esto (por 100to). No obstante, si los números aquí referidos, se dieran por azar, casi todos los rangos de los primeros dígitos (en las estimaciones Mayas), tendrían entre sí, a un porcentaje de números bastante semejante (diferencias menores). Por ejemplo 30 / 9 = 3,3 aproximadamente en cada uno (para un total de 28,7), Pero además en la realidad (33,3; 13,3; 10; 0; 3,3; 3,3 ;3,3; 0; 3,3) el promedio de alejamiento es mucho mayor: 7,7, o sea, más del doble respecto del azar. Además, como predica la Ley de BENFORD casi el 50 por ciento (47,6), de las cantidades se hubieran establecido para los dígitos 1-2, y el otro 50 por ciento (52,4), se hubieran distribuido entre los dígitos de 3 a 9. Los resultados empíricos nuestros (30: 16-14), son cercanos a esta ***predicción***:

(1-2) 53,3, que se aparta en 5,7 al valor teórico, y 46,7 respecto al azar. (3-9) 46,6 se aleja en promedio al número teórico 5,8, y en 23,1 al esperado por azar. O sea que estos recuentos de las medidas Mayas precolombinas (anotadas en este trabajo), se alejan de la casualidad (son por una razón que están siguiendo). En otras palabras, esta ley aritmética universal, comienza a cumplirse, para los datos de la Ciencia Calendárica Maya, certificando como explicáramos, nosotros, que ellos son parte de una Ley de la Naturaleza temporal.

Lo que importa, es que estos números Mayas, adquieren (por cumplir con esta norma legal), un carácter verídico, es decir que tienen pocas posibilidades de ser básicamente erróneas (pues los números que se eligen artificialmente, no se ajustan a esta ley numérica). En otras palabras, son datos falsos y no tomados de acuerdo a un criterio científico. No está de más agregar que esta Ley (que reiteramos los Mayas no descubrieron), se aplique (como nosotros lo hacemos aquí) también (STEWART, LUQUE, TAO, etc.) en varios ejemplos científicos como: secuencias geométricas, sucesiones numéricas ampliadas (intervalos de números primos), constantes físicas, buena parte de las leyes macroscópicas físicas (termodinámica, dinámica fluidos) y resonancias de números atómicos. Obviamente los Mayas no practicaron la Física, pero si la ciencia, como aquí probamos.

CONCLUSION:

Los Mayas Precolombinos y la Historia de la Ciencia Universal.

A pesar de que los Mayas inspiran a pintores (RIVERA), arquitectos (WRIGHT), escultores (MOORE), y darán dos premios Nobeles (ASTURIAS, MENCHU), hay algo más en su aporte. Tampoco a pesar de la importancia nosotros, no nos centraremos, en la revolución productiva agrícola (GODELIER), casi a escala 'industrial 'que los acerco (premio nobel LUCAS), al producto económico de Occidente, antes de la revolución industrial.

El historiador BAYLI llamo a esto 'la gran domesticación' y DARWIN concluyo la importancia para la civilización de las plantas culturales. El Maíz (IX IM) cruzado (variedad NAL TEL) por los Mayas (primera hazaña de ingeniería genética: FEDEROFF), terminaría dando un premio Nobel femenino (MC KINTOCH).

Con todo respeto hacia los autores de habla inglesa, que detallaron a la esencia religiosa de los Mayas, nosotros aun pensamos, en otro aspecto más relevante. Pues a algunos intelectuales Mayas les basto -llegado el caso- con un deísmo parcial, para hacer lo que lograron.

La revolución de los Mayas como se refirió hace tiempo (GIRARD), es sobre la historia de la cultura o como escribió más actualmente MARTINEZ (Geometría Mesoamericana FCE 2000), que: "fue una gran pérdida para la Humanidad, la no aceptación de su pensamiento científico. Nosotros no tenemos que subordinar al nivel intelectual (ROJAS), ni tampoco dejar que nos roben la Historia (GOODY). Cuando asuma la primera mujer física SHEINBAUM, a la presidencia de México, se podría cambiar a este gran retraso histórico, pues sino solo quedaremos solos los Sudamericanos, defendiendo a esta tesis (primera Modernidad científica), contra el reduccionismo ideológico, de casi todo el hemisferio norte Occidental.

Las Leyes objetivas que aquí explicamos, no solo demuestran que algunos Mayas, trabajaron en ciencia (Agricultura, Matemática, Astronomía, Calendarios), sino que todos estos desarrollos, estaban vinculados en algún punto, con la Modernidad, de la Historia de la Ciencia universal. Los Mayas cruzaran inédita y completamente, en su rama de estudios, desde el nivel premoderno, hacia el Moderno.

Así tenemos que invertir, las referencias comparativas (DORADO), pues es la ciencia moderna occidental, la que se parece en algo a la precolombina, y no a la inversa. Sino nos quedaremos fijados en la Antigua Alianza reduccionista ideológica (superstición), como explico el premio Nobel MONOD. El mismo autor refiere que la sociedad quiera que la Ciencia le sirva, pero no la respeta (reemplazar al conocimiento por la ideología es la mayor mentira de todas las Humanas posibles).

Literalmente los intelectuales Mayas fueron:

El Original (primero), Nuevo (moderno) Mundo (naturaleza).

Lo cual refuta que, en la geografía Latinoamericana actual, se esté científicamente en el tercer Mundo (leyenda estampada en el Instituto de física Trieste-Italia, en instituto adjunto de la Historia de la Ciencia para el Tercer Mundo). En este sentido hemos cumplido con la solicitud de la profesora BRODA, esto es vinculando a lo realizado en Mesoamérica, con la historia de la Ciencia general (internacional).

Es correcta la conclusión de SEDEÑO, cuando refirió, algo que también vale para los Mayas: ´´los calendarios constituían un corpus, tan organizado, como para ser ellos mismos, el marco teórico, o una especie de paradigma o realización, científica universal reconocida´.

Hoy la historia de la ciencia, está corrigiendo algunos errores que se han cometido. Los historiadores SANTILLANA- DECHEND (Molino de Hamlet 6to piso 2015), llamaron 'científicos arcaicos ', a las personas anónimas, que comienzan a compaginar, a una de las ramas de la ciencia, más antigua de todas: la 'arqueoastronomia'. Los antropólogos GRAEVER-WENDROW (El Amanecer de todo Ariel 2022), refutan a Marx, cuando escriben que la ciencia comenzó a desarrollarse en las Aldeas. Así grupalmente (¡como refiere artículo 271 de la declaración de los Derechos Humanos!), se comenzaron a descubrir, las propiedades objetivas de los Elementos Materiales (peso, dureza, combinaciones, impermeabilidad, flotabilidad, etc.). Nosotros corregimos a NEEDHAM cuando anoto, que una sociedad más comercial (civis o burgo occidental), será la que, por primera vez, llega al pensamiento científico moderno (astronomía, física), desde el Renacimiento (s. XV-XVI dc-), pues los precolombinos, hacen lo propio

(Ciencia Calendárica Clásica), mucho antes (por lo menos 1000 años antes). No solo logran elaborar valores cognoscitivos semejantes a los occidentales, sino que lo hacen previamente.

Empero hay hasta premios Nobeles Occidentales, que pretenden pasar por alto a estos méritos. Por ejemplo, WEINBERG en su obra sobre la Ciencia Moderna (explicación del Mundo), se equivoca mayormente, cuando escribió que lo realizados en América precolombina, fue 'interesante', pues su pensamiento en el adelanto, fue Moderno. El autor ELIADE explica que Occidente (primero Europa, luego casi todo el hemisferio norte Occidental), al desarrollar su camino científico, creyó que no solo era el mejor, sino el único posible. Pero concluye que la magnitud de los valores exóticos (extranjeros a la forma de vida occidental), es susceptible de hacer que surja la duda, en los autores Occidentales.

Concordantemente como nosotros hemos demostrado, no hubo una sola dirección hasta la modernidad científica, como lo plantea de manera reduccionista o discriminativa occidente o el hemisferio norte Occidental. HUTINGTON concluye en su obra; que lo que occidente (hemisferio norte occidental) considera universal, para las demás geografías es Imperialismo. Lo social no cambia la lógica o metodología científica, sino solo su base epistemología (DORADO), o modo de producción que se orienta, para las ramas específicas del conocimiento respectivo (física, calendarios, etc.).

Es esta magnitud del avance intelectual, que hace dudar a algunos científicos Occidentales. El sociólogo LATOUR, indica que la excusa de Occidente (para comportarse aun de forma Imperialista), es que allí se descubrió previamente la ciencia de la Naturaleza, tal cual es. Lo cual obviamente se cae (muestra su carácter ideológico si no se cambia), pues los precolombinos, también descubrieron a la Naturaleza tal cual es. Aquel autor concluirá finalmente, que en esos términos excluyentes 'nunca fuimos Modernos´ (hemisferio norte occidental). Esto es lo que demuestra efectivamente en principio, al evitar la discriminación. la historia de la Ciencia Maya, respecto de Occidente.

Pero aun autores bien intencionados en principio como KROTZ (La otredad cultural entre la utopía y la ciencia FCE 2002) o WALLERSTEIN (Conocimiento y saber el Mundo s XXI 2011), aún siguen escribiendo respectivamente que la Modernidad nació en la ciudad occidental, o bien que hay un solo mundo moderno, que es el del capitalismo occidental. Nosotros también ponemos a esto anterior en duda, pero nos acercamos más a lo que una vez señalo el antropólogo HARRIS, que América representaba un experimento científico, y como tal aquí nos atenemos más a la veracidad científica (si no hay errores mayores de este tipo, en nuestro trabajo de historia de la ciencia).

Hace ya unos cuantos años que D. COE expreso, que se estaban descubriendo a la verdadera Ciencia elaborada por los precolombinos. Nosotros creemos efectivamente que las leyes Modernas de la Naturaleza temporal, son la coronación de este gran proceso. Como refirió GALILEO (citado por ARCINIEDAS, al tener en sus manos un códice semejante al de los Mayas), 'hubo antes que los europeos, civilizaciones que estudiaron a la Naturaleza (piedras, vegetales, estrellas').

Así los Mayas pertenecen a toda América, pero más merecidamente a Latinoamérica (Argentina), desde donde no solo se produjo, sino que se demostró, a este descubrimiento científico (tesis).

Bibliografía

1. MERTON K. (1970): *Ciencia en Inglaterra en el siglo XVII*. Alianza p-20.
2. GOULD J. (2004): *Estructura de la Teoría de la Evolución* Tusquet p-169.
3. PIAGET J. (1975): La Inteligencia Paidos; *Psicología de la Inteligencia* Psique p-64.
4. POPPER K. (1999). *La Lógica de la investigación científica* Tecnos p-229.
5. VERNOUX-GODIN-BESSNNARD. (2019): *Plantas matemáticas Investigación y Ciencia* p-33.
6. COHEN I. (1983): *La revolución Newtoniana* Alianza p-37.
7. GOODWIND B. (1998): *Las manchas del leopardo* Tusquet p-83.
8. WILCZEK F. (2016): *El mundo como obra de arte* Drakonto p-177.
9. TREJO C. (1973): *Matemática Moderna* Eudeba p-105.
10. PIAGET J. (1972): *De la lógica del niño a la del adolescente* Paidos p-231.
11. AVENI A. (1980) (compilador): *Astronomía en América antigua* S. XXI.
12. MENZIES G. (2008): 1434 *Harper Collins* p-247.
13. PIAGET J. (1975): *Introducción a la Epistemología Genética Tomo II* Paidos p-51.
14. MONOD J. (1972): *Azar y Necesidad Barral* p-114.
15. TAO T. (2019): *Leyes Universales Número Monográfico Investigación y ciencia* p-36.

Bibliografía General

- ALSINA C. La secta de los números Editec 2011.
- APLEYARD B Ciencia y humanismo Ateneo 2003.
- AVENI A Astronomía en América antigua Siglo XXI 1976; Observadores del cielo en México antiguo Fce 1961; La Astronomía Maya Mundo Científico Ciencia 1985.
- ARCINIEGAS G El revés de la Historia 1980.
- ALVAREZ C. Diccionario lingüístico Maya Unam 1980.
- ALBERDI J. Obras escogidas Universidad Quilmes 2000.
- AUSTIN L Tamoanchan-Tlalocan. Fce 1995.
- BRODA J. (Compiladora) Arqueoastronomia Mesoamericana Unam 1991.
- BROTHERSTON G América indígena en su literatura Fce 1989.
- BELL F Historia de las matemáticas FCE 1996.
  BENITEZ-ROBLES De Newton y newtonianos Quilmes 2006.
- CAMPI E Rol sociólogo en Argentina Ciencia 1986; Psicología integrada del desarrollo de la Personalidad Editorial Académico Español 2016; La Modernidad científica de los Mayas precolombinos EAE 2020; Descubrimiento de Leyes científicas de la Naturaleza Humana EA 2021.
- COE D Los Mayas Diana 1980; Desciframiento de Glifos Mayas Fce 1995.
- COE M América Folio 1994; Mayas incógnita y realidades Diana 1990.
- COHEN E. Elementos de sociología del conocimiento Eudeba 1975.
- COHEN E La Revolución Newtoniana Alianza 1984.
- CROMBIE A Historia de la Ciencia Alianza 1984.
- CID F Historia de la Ciencia Planeta 1979.
- COLERUS E Historia de la matemática Doncel 1972.
- CORRAL M. Historia de la Astronomía en México Ciencia 1986.
- DORADO R. La religión Maya Alianza 1986; Los Mayas una sociedad Oriental Complutense 1982
- DI PAOLO Historia de los calendarios AAA 1989.
- DAVIES A: Enigmáticos códices Mayas Andrómeda 2006.
- ESCALONA R Cronología y astronomía Maya Mexica Fides 1940.
- ELIADE M Tratado historia de religiones Era 1975; Chamanismo y técnicas del éxtasis FCE 1986.
- ELENA A La quimera de los Cielos XXI 1985.
- ESTRELLA Historia de la Ciencia Akal 1982.
- FULS A. El enigma del calendario Maya Ciencia e investigación 2004.
- FERGUSON N Civilización Occidental y el resto Debate 2021.
- FISCHETTI M Argumento climático definitivo Ciencia e investigación 2019.
- FREUD S. Obras completes Biblioteca Nueva 1972.
- FERMI L Que dijo GALILEO Donsel 1977.
- GRONDONA M Las conclusiones culturales del desarrollo económico Ariel 1993, Bajo el imperio de las ideas morales Sudamericana 1970.
- GOLDSTEIN A Los albores de la ciencia Fce 1984.
- GORTARI A La ciencia en Historia de México Fci 1963.
- GRIBBIN J Historia de la ciencia Critica 2002,
- GOODWIN Las manchas del leopardo Tusquet 1998.
- GOODY J Capitalismo y modernidad Critica 2004.
- GUILLEN M Ecuaciones que cambiaron al mundo Debate 1999.
- GIRARD R Historia de las civilizaciones antiguas de América, Hyspamerica-Mexicanos 1970 ; El calendario Maya mexica. México 1948.

- GOCKEL W Desciframiento de escritura Maya Diana 1995
- GUEVARA-PUIG Las medidas del mundo Editec 2011
- GARZA M Los Mayas Inah 1968.
- HARDOY S. La ciudad precolombina Infinito 1999.
- HARRIS M Antropología General Alianza 1982
- HOLTON G Estudios del pensamiento científico. Alianza 1978.
- HAMOND N. Emergencia de la cultura Maya Scientific American 1986
- HUTINGTON S Choque de civilizaciones Paidos 2002.
- HASSELKUS H WOOH México 1993; Estructura glífica Maya Mexico 1998,
- HIDALGO L El computo Maya Diana 1978.
- JUILLIEN Tratado de la eficacia Perfil 1996,
- JOULET A El secreto de los números Ciencia 1996.
- JONHSON P Nacimiento del Mundo Moderno Vergara 1999.
- KUHN TH La tensión esencial FCE 1980.
- KLINE M Matemática para Humanidades Fce 1972
- KOYRE A Estudios del pensamiento científico S. XXI 1978; Estudios Galileanos S. XXI 1975 ; Del universo cerrado al infinito Alianza 1978; Del mundo de lo aproximadamente al preciso Critica 1948.
- KOESTLER Los sonámbulos Eudeba 1963.
- LIONAIS F Grandes corrientes del pensamiento matemático Eudeba 1965.
- LINDBERG D Inicios de la ciencia Occidental Paidos 2002.
- MANCUSO S El futuro es vegetal Gutermberg 2017.
- MAROTTO F En el principio fue el Numero Bonalletra 2019.
- MATURANA H Maquinas y seres vivos S. XX 2004.
- MAUPONE L en Historia de la astronomía en Mexico Unan (compilación)1999; Reseña actividad astronómica en América antigua.
- MOYER G Calendario Gregoriano Scientific American 1982.
- MERTON K Sociología de la ciencia Alianza 1997.
- MILLA VILLENA Ayni Anaru Waina 2004.
- MORLEY S. Maya hieroglips Dover 1975 ; Antiqui Maya Sansoni-Firenze 1956; La civilización Maya Fce 1986.
- NEEDHAM J. Sociología de la Ciencia Alianza 1976.
- PORTILLA Tiempo y realidad en los Mayas Unam 1986.
- PIAGET-GARCIA Historia de la Ciencia S. XXI 1982.
- PRIGOGINE I. La Nueva alianza Alianza 1978
- POPPER K La sociedad abierta y sus enemigos Paidos 1980.
- PICKOVER C De Arquinedes a Hawking Drakontos 2008 ; El libro de las Matemáticas Librero 2009.
- ROSSI J America el gran error de la Historia oficial Galerna 1980.
- REY J.La revolución científica Icaria 1978.
- STRAUSS C Antropología estructural Eudeba 1978
- SARTON G Seis Alas Eudeba 1955.
- SEJOURNE M El pensamiento Nahuatl en Calendarios s. XXI 1999
- SEDEÑO E El rumor de las estrellas S. XXI 1973.
- STEWART I Historia de las matemáticas Drakontos 2008.
- SHAPIN R Revolución científica Paidos 2000
- SPRAJ C Venus lluvia y Maíz Científica 1998
- SCHELE-FREIDEL-PARKER El cosmos Maya Fce 1999
- SOUSTELLE J Los Mayas Fce 1966.
- SANTOS G Los Mayas y el antiguo Imperio Madrid 1981.

- SHARER La civilización Maya Fce 1998.
- TAO T.Leyes Universales Investigación y ciencia 2015
- THOMPSON E Grandeza y decadencia de los Mayas Fce 1986 : Arqueología Maya Diana 1980; Comentarios al Códice Dresde FCE 1993; La religión Maya s. XXI 1988.
- THOMPKIN R El árbol nace del infierno Calvin 1992.
- TREJO C Matemática Moderna Eudeba 1973.
- VERNOUX-GODIN- BESNNARD Plantas que hacen matemáticas Investigación y ciencia 2019.
- WALLRSTEIN Impensar a las ciencias sociales S. XXI 2007.
- WHITEHEAD D Aventura de las ideas Fabril 1961.
- WEINBERG S Explicar al Mundo Taurus 2016
- WILCZEK F El mundo como obra de arte. Drakontos 2016.
- WULF A Invención de la Naturaleza. Taurus 2016.

DATOS del AUTOR

Eduardo A. Campi: Psicólogo de Niños (Universidad Autónoma de Entre Ríos), Profesor de Psicología (Universidad Tecnológica Nacional, Colegio del Uruguay "Justo José de Urquiza") Concepción del Uruguay, Entre Ríos.

Viajes estudio: Suiza (invitado Fundación PIAGET), México y Brasil (expositor sobre tema Maya).

Premios y Reconocimientos:

- 1987 - Facultad Kennedy (Epistemología)
- 1998 - Artes y Ciencias (Sociología)
- 1992 - FAGAP (Psicología)
- 2010 - Entre Ríos (Derechos Humanos).

Caratula de CONTRATAPA:

Los Mayas en el siglo II ac, comenzaron a pasar el nivel premoderno y entre los siglos III-IV dc. ha estaban con su ciencia, en el nivel Moderno. En este libro se encuentra una síntesis de las Leyes científicas Temporales (Ciencia Calendárica Clásica), que los Mayas escribieron y enunciaron al respecto.

MIX
Papier aus verantwortungsvollen Quellen
Paper from responsible sources
FSC® C105338

Printed by Books on Demand GmbH, Norderstedt / Germany